# 森　林：
# 保护6万种树木的家

［英］杰丝・弗伦奇 著　［英］亚历山大・莫斯托夫 绘
张率 译　解焱 审校

中信出版集团｜北京

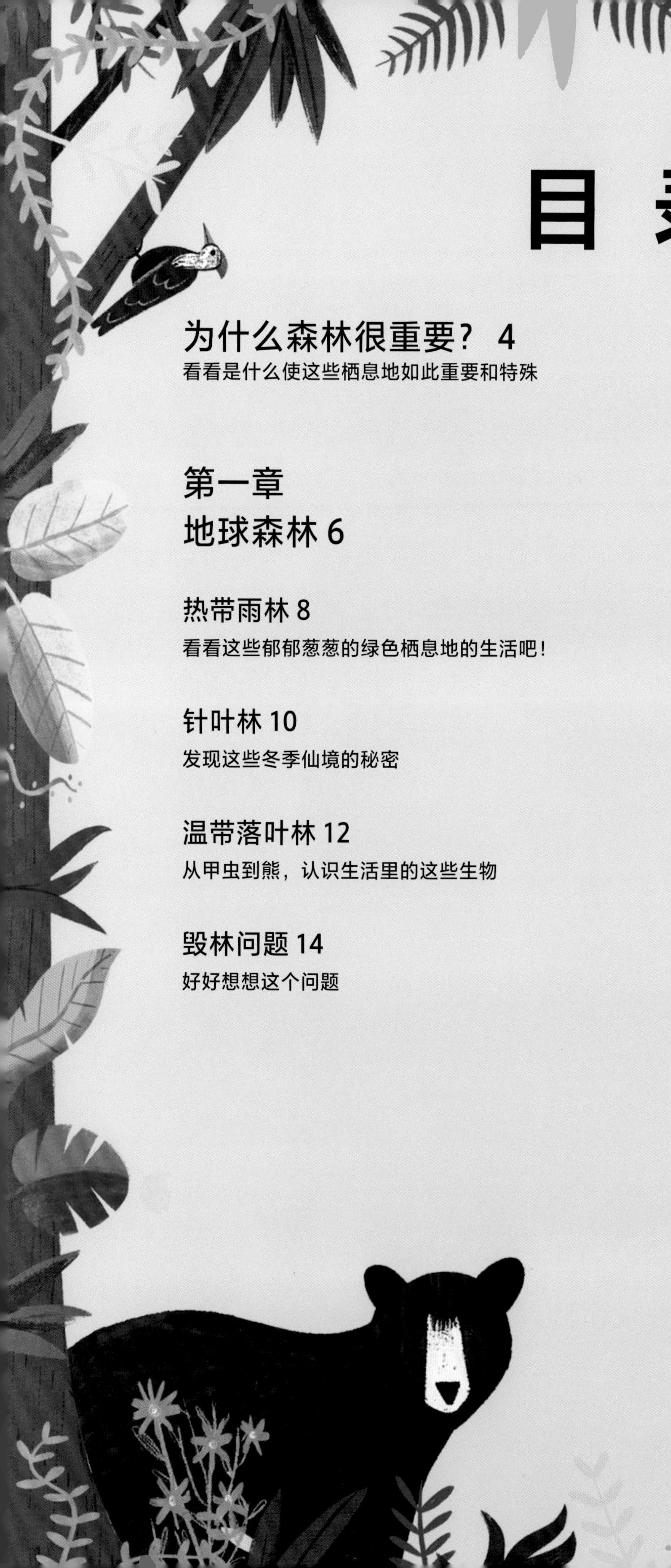

# 目 录

# 为什么森林很重要？

森林对地球上的生命至关重要，没有它们，我们的世界将无法运转。从美丽的银杏树到高耸入云的巨杉，世界上拥有超过 6 万种不同的树种。它们几乎覆盖了地球 1/3 的陆地，其中有一些森林已经存在了几千年。

树木是生物生存的环境中非常重要的一部分，它们为世界上大约 2/3 的动物提供了住所、食物和保障。光是其中一片森林——南美洲的亚马孙雨林，就是世界上 10% 已知物种的家园。

树木甚至给我们提供了可供呼吸的氧气！

然而，在世界各地，森林正以令我们担忧的速度减少。

有时候，树木被毁是出于一些正当的理由，但是我们通常能找到其他更好的办法来解决人类、动物的需求和树木之间的矛盾。

在这本书里，你可以了解树木被毁的原因，以及森林减少对人类、动物和地球的影响。然后，你可以了解科学家、农民、自然资源保护者和其他人都做了哪些努力，这可以帮助你做出改变！

只有同心协力，我们才可以确保森林会在未来的数千年继续存在。

# 世界森林

这张地图展示了森林在地球上的分布情况。你可以在“地球森林”章节找到更多有关针叶林、温带落叶林和热带雨林的内容。

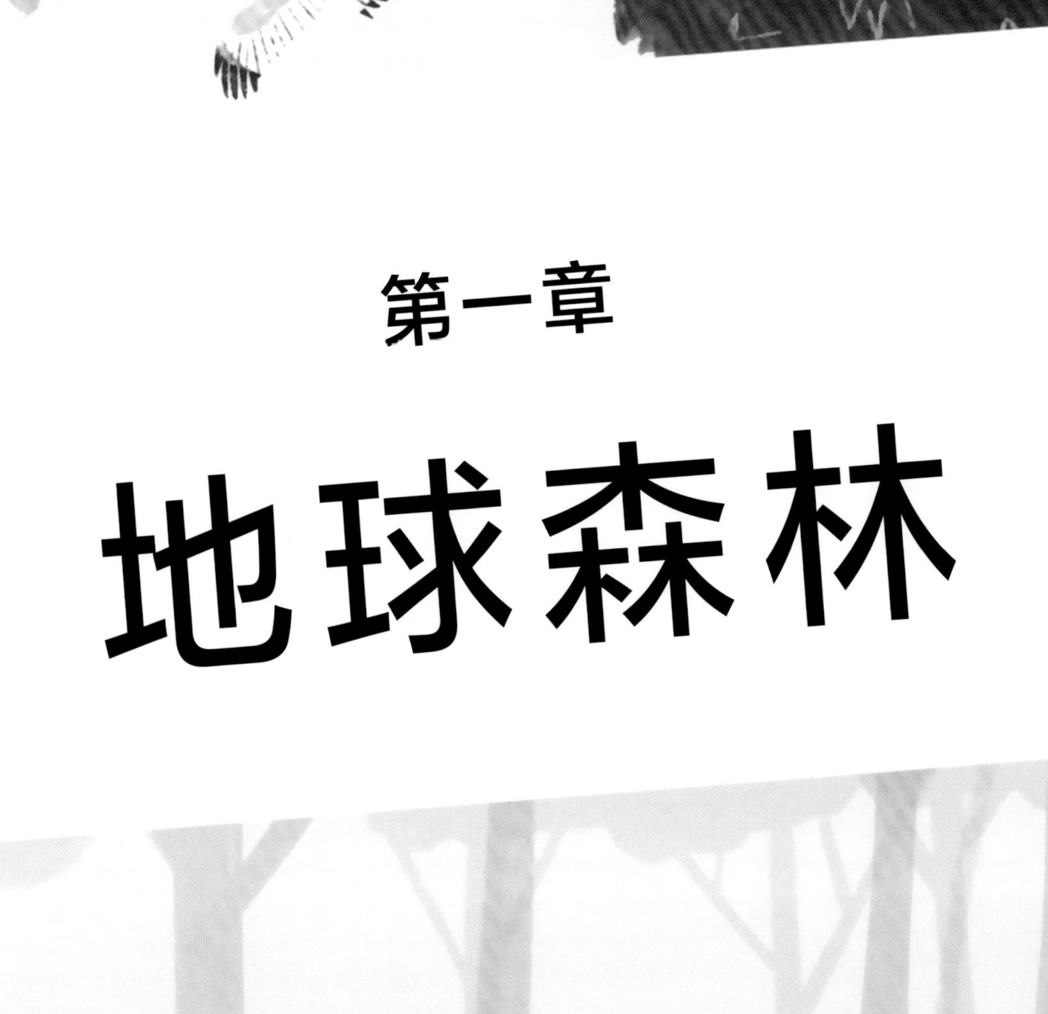

# 第一章

# 地球森林

## 被树木覆盖的大片区域被称为森林

有些森林炎热潮湿，到处都是色彩鲜艳的动物，而有些森林寒冷荒凉，河流结冰，连树枝都被大雪压得耷拉了下来。正是这些独特之处，让森林如此多娇。世界上没有两片森林是相同的，正因为如此，每一片森林都很重要。可悲的是，所有森林都面临同一种命运——它们都受到被毁灭的威胁。

# 热带雨林

热带雨林中既黑暗又潮湿。参天大树遮挡了大部分光线，而大部分时间又都在下雨。你的目光所及之处都是生命的迹象——郁郁葱葱、茂密的绿色植物填满了每一厘米，空中充满了虫鸣和鸟叫。

地球上大概一半以上的动植物都生活在这种独特的栖息地里。科学家已经确定了热带雨林中的四种主要的分层结构，每一层都是不同动植物的家园。

美洲角雕在天空盘旋，它们捕食树冠下的树懒和猴子。

许多靓丽的蝴蝶在林中穿梭，包括邮差蝴蝶和蓝闪蝶。

巨嘴鸟生活在高高的树梢上，它们在树枝间飞翔、跳跃。

蜜袋鼯优雅地在树间滑翔。

巨蚺与树木融为一体，在捕猎时用它们强壮的尾巴让倒挂的身躯保持平衡。

美洲貘整天在森林地面觅食，寻找果实和树叶来啃食。

## 热带雨林的馈赠

你是否知道这些产品来自热带雨林，或者由热带雨林中的资源制成？

巧克力：美味的巧克力是由原产于热带雨林中的可可树的种子可可豆制成的。

药物：许多用于治疗癌症的药物都是由只能在热带雨林中找到的植物制成的。

水果：热带雨林中生长着杧果、香蕉和鳄梨等美味的水果。

这种生长迅速的木棉树高度可达70米。
露生层
露生层是雨林的顶层，这里有最高的树木，它们被称为露生树，能照到最多的阳光。
移动缓慢的树懒挂在树上，完美地伪装自己。它们的长爪子可以帮助它们抓住树枝。
林冠层
这里的植物能接受到充足的雨水和光线。雨林中的大多数动物都生活在这一层，它们以丰富的水果、树叶和花朵为食。
美洲豹大部分时间都在这一层。林下斑驳阴暗的黑影可以让它们在猎物看不见自己的情况下潜行并扑向猎物。
吼猴在树冠上吼叫，而松鼠猴则在林下游荡。
林下层
在这昏暗的一层，矮树们在争夺阳光。
土著依靠森林获得生存所需的一切物资，包括食物、药品和住所。有时，他们会清理出小块的土地，用来种植作物。
被称为板状根的巨大树根伸展开来，支撑着巨大的树干。
地被层
只有1%的阳光能到达这里。枯叶落在地上会迅速分解，形成营养丰富的表层土壤。

# 针叶林

针叶林覆盖的面积比地球上任何其他地貌都要多。这里的日子漫长又多雪，条件艰苦。夏天很短，寒冷的冬天则长达九个月。尽管条件恶劣，这里的生命依然欣欣向荣！针叶林地上长满了常绿植物—— 一年四季都长着叶子的树木，森林里到处都是沼泽、湖泊和河流。这些特征吸引并庇护了许多迷人的生物。

针叶林中满是云杉、冷杉和松树。表面有蜡质层的针状叶有助于它们“抖”掉厚厚的积雪。

小飞鼠在树间跳跃，寻找浆果和树叶。

有各种不同的民族生活在针叶林中。许多人靠打猎、捕鱼或者放养驯鹿之类的动物为生。

北极狐在寒冷的森林中茁壮成长。它们浓密的具保温效果的毛皮可以帮助它们御寒。

如果这些针叶林被砍伐，它们需要很长时间才能重新生长（因为气候寒冷）。

## 针叶林的馈赠

你是否知道这些产品来自针叶林，或者由针叶林中的资源制成？

纸张、纸板和纸巾：大多数纸张、卡片、卫生纸和纸巾都由针叶林中的树木制成。

石油和天然气：大量石油和天然气都是在针叶林的冻土下发现的。

木材：来自针叶林的针叶材可用于建造窗户、门和地板。

土壤贫瘠且经常结冰，意味着很少有植物能在这里生长。

火灾对这些森林来说并不总是坏消息。坚硬的树皮能保护老树免受轻度火灾的伤害。对某些树木来说，火甚至可以帮助它们生长！
乌林鸮俯冲下来捕食小型啮齿动物。
柔韧的树干让树木能应对大风。
灰狼在这里捕猎，它们捕食河狸、驼鹿和其他森林居民。
驼鹿在地面上漫步，它们强大的嗅觉可帮助它们找到埋在地下的食物。
北极兔的毛皮让它能够在这里存活。在夏天，它是棕色的，能与树木融为一体。但当冬天来临时，它又变成白色，这可以帮助它在雪中藏身。
夏天，太平鸟栖息在树上，然后从半空捕捉昆虫。
成千上万只昆虫在针叶林湿地上成长。在夏天，数十亿只鸟会迁徙到这里繁殖，捕捉这些令人毛骨悚然的虫子来喂养它们的雏鸟。
河狸在河里游泳和潜水，寻找美味的水生植物嚼食。
世界上最大的猫科动物东北虎，正偷偷地穿过这片森林。它们的条纹外套可以帮助它们在树林中伪装自己。

# 温带落叶林

温带落叶林中四季分明。春天，树叶发芽，花朵盛开；夏天是一个繁忙的季节，鸟儿歌唱，动物的幼崽们探索外界；秋天，树上的叶子变成火红和金黄色，动物们忙着进食，为即将到来的寒冷季节储存脂肪；最后，在冬天，这些树木会落叶，动物们有的迁徙到更温暖的地方，有的蜷缩起来冬眠。这些变化意味着生活在这里的动物和植物都是适应环境的专家。

## 温带落叶林的馈赠

你是否知道这些产品来自温带落叶林，或者由温带落叶林中的资源制成？

枫糖浆：枫树的汁液可以用来制作甜美的枫糖浆。

坚果：榛子、核桃、栗子和开心果都生长在温带森林中。

松露：狗和猪可以从落叶层下嗅出有价值的松露。

食虫的红冠黑啄木鸟用嘴敲打树皮，寻找作为食物的昆虫。

在树冠下，松鼠等小型哺乳动物在林叶中穿梭。

许多甲虫，如锹甲，以森林地面上的腐木和植物为食。

最常见的树木是枫树、栎树、水青冈树和栗树。树木的阔叶让阳光穿过树冠，到达森林地面的植物。
雏鹰在树的上空滑翔或栖息在树冠下，搜寻下面的猎物。
树上通常覆盖着攀爬的藤蔓，如常春藤，它们善于借助树干向上攀爬并获取阳光。
黑熊在森林中游荡，寻找水果、坚果、蜂蜜和猎物。
短尾猫猎捕啮齿动物、昆虫和鹿，灰褐色的带斑点皮毛可以帮助它们在跟踪猎物时伪装自己。
白尾鹿大嚼坚果和树枝。
没有多少人生活在温带森林中，但人们会为了欣赏美景和大自然来到这里。
浣熊在树上筑巢，它们长有五指（趾）的爪子能让它们爬得更高。
森林地面的落叶被真菌、细菌、昆虫和蠕虫分解，形成被称为腐殖质的肥沃土壤。
蟾蜍、蛙和蝾螈在潮湿的树叶间蹦蹦跳跳。

# 毁林问题

正如我们看到的那样，地球上有许多美到不可思议的森林。
可悲的是，所有这些美丽的森林都受到一个重大问题的影响：毁林。

## 什么是毁林？

把森林中的树木移除并将土地用于其他用途的做法，我们称之为“毁林”。这并不是一个新问题。数千年来，人类一直在砍伐树木，为建造自己的家园和农场腾出空间。并且，我们砍伐树木的数量一直在增长。在 2017 年，每分钟就有相当于 40 个足球场面积大小的热带雨林消失。如果我们不做出改变，森林可能会从地球上完全消失。下面我们就来看看毁林问题对世界各地的森林产生了何种影响。

## 加里曼丹岛

亚洲加里曼丹岛上的森林充满了生机。从猩猩、犀鸟到可以被制成救命药的植物，许多独特且重要的物种都以这里的森林为家。在 20 世纪 70 年代，树木覆盖了岛上 75% 以上的土地，现在其中近半已经被烧毁、替换或砍伐。加里曼丹岛的森林被毁主要是为了建造油棕种植园（见第 20 页）。

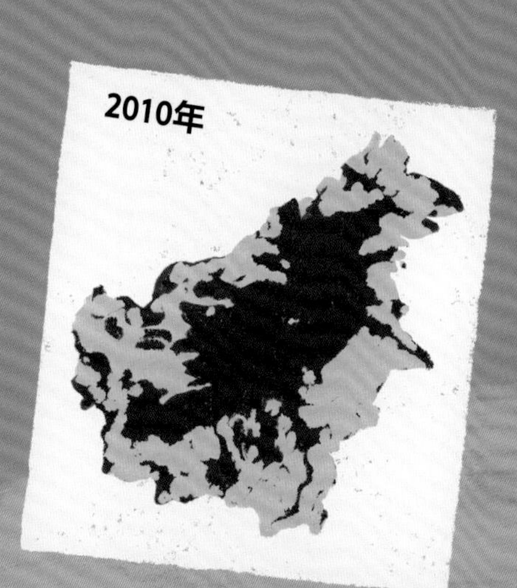


这些地图显示了 *1973* 年和 *2010* 年相比，加里曼丹岛森林减少的情况。

# 亚马孙热带雨林

亚马孙热带雨林是世界上最大的热带雨林，它位于南美洲，面积是印度的两倍多！它也是世界上10%的已知物种的家园。人们砍伐这里的森林主要是为了养牛和种植大豆，建造城镇和水坝，以及采矿。如果毁林的速度不减缓，到2030年，亚马孙热带雨林中超过1/4的树木会消失。

*地图显示了1988年和2013年，时隔25年，亚马孙热带雨林面积减小的情况。*

## 火灾，火灾！

毁林并不总是指砍伐森林的行为，火灾也会破坏森林。火灾有时是雷击自然引发的，有时是人为的。有时人们为了在森林中烧出一块空地而点火，火势却失控蔓延。

2019—2020年，澳大利亚那场可怕的森林大火摧毁了数百万公顷的土地，杀死了数亿只动物。澳大利亚每年都会发生火灾，这是正常的，但科学家认为，气候变化（见第28页）使天气变得更热、更干燥，森林火灾也因此变得更严重。

# 世界上的其他地方

**加拿大**

世界上近1/3的针叶林位于加拿大境内。自2000年以来，这里几乎有10%的针叶林消失了，这一面积超过了德国的面积。

**刚果雨林**

全球第二大热带雨林（仅次于亚马孙）位于非洲中部的刚果盆地。大猩猩、黑猩猩和大象都以这片森林为家。森林砍伐在这里是一个大问题，树木被砍伐的原因主要是种植作物和采矿。

**英国**

英国的大部分温带落叶林在数百年前（准确来说是中世纪之前）就已消失。在过去，英国几乎完全被树木覆盖，但今天森林的面积只占国土的13%。

第二章

# 毁林的原因

## 人类砍伐树木的原因有很多

有时，我们砍伐树木是因为我们需要木材、纸张或者燃料；有时，我们想利用林地做其他事情，例如种植作物。

即使我们住在离森林很远的地方，为了生产我们在日常生活中使用的许多物品，也必须砍伐树木。随着人口的增长和人类生存需求的增加，越来越多的树木消失了。

# 人，人，到处都是人

想想你认识的所有人——你的家人、朋友、老师等等。你能在脑子里数一遍吗？现在，在脑海中把人类总人口（地球上的所有人）加起来。你觉得有多少人？

答案是约 80 亿，而且这个数字每天都在增加。真惊人啊！

## 人口问题

拥有更多人口是一件很棒的事情，可以为我们带来更多的想法并产生更多伟大的科学家、发明家和艺术家，但同时也会带来问题。毕竟，人口越多，人们就需要更多的资源和服务才能生存。当一个地方人满为患，已无法满足所有住在那里的人的基本需求时，我们称之为人口过剩。

## 人口为什么会增长？

得益于医学的突飞猛进和更多获得健康食物的途径，人们变得越来越长寿了。100 年前，大多数人只能活到 50 多岁，而今天我们能活到七八十岁。迄今为止，最长寿的人活了 122 岁。那得要多少生日蜡烛啊！

## 我们能做什么？

我们不能想当然地停止建造城镇，这对需要它们的人来说不公平。但是，我们有办法减少人口过剩对森林产生的影响。

阅读第 36~51 页，我们可以了解如何在不允许开发的地方建立保护区，以及如何以不对森林造成持久伤害的方式来管理森林。

# 森林受到的影响

人口过剩时，我们的森林往往是最先受害的：树木被砍伐，木材被用来建造新的家园；土地被挖掘并平整，而曾经满是植物和动物的宝贵空间却被人、房屋和机器填满。这带来了巨大的影响：动物失去家园，植物被摧毁，环境变得更加肮脏。

### 房屋

所有人都需要安全的住所。当人口增加时，我们必须建造更多的房屋，因此必须清理出更多的土地用于建房。

### 其他建筑

人们不仅需要用于居住的房屋，也需要医院、学校、商店、工作场所和娱乐场所。这些都需要占用更多的土地。

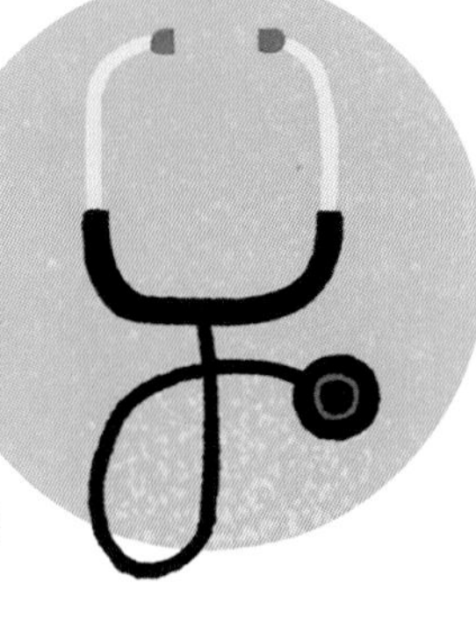

### 供水

人类有水才能生存，让每个人都能获得干净的饮用水是非常重要的。这通常意味着需要把土地挖开并铺设新的管道。

### 下水道

更多的人意味着有更多的排泄物！如果我们不把这些排泄物处理掉，人们就会生病。我们必须解决这个问题，不然生活会变得很糟糕。因此，我们必须在地下建造更多的下水道。

### 交通

你如何前往医院的手术室或游泳池？大多数人会利用汽车、自行车或像公交车和火车这样的公共交通工具。人越多，我们就需要规划和铺设越多的道路和铁路。

### 农地

人们需要食物。为了养活新的人口，我们必须留出更多的土地来种植庄稼和饲养牲畜。

# 农作物和牲畜

你可能觉得很难理解我们吃的食物也会导致森林被砍伐。毕竟我们大多数人不会把大块的木头当晚餐呀！但事实是，任何需要种植（如农作物）或饲养（如牛、鸡）的东西都需要空间来生产。这就是森林被毁的原因之一。

## 人类需要食物

我们的生存离不开食物。为了给每个人提供足够多的食物，我们需要土地来生产它们。不幸的是，我们通常想到的解决方案是砍伐天然森林，用于建造牧场（饲养动物）和种植园（只种植某些植物来用于生产咖啡和糖等食物）。下面我们来看一些具体的例子，了解人类的饮食和习惯如何影响森林。

### 棕榈油

如果你今天已刷过牙或者吃过早餐了，那你很可能用过含有棕榈油的东西！从比萨饼到巧克力，从肥皂到洗发水，含棕榈油的产品随处可见。

为了满足巨大的需求，我们必须种植越来越多的油棕树。为了给它们腾出空间，必须清除其他树木。在印度尼西亚的苏门答腊，现在油棕种植园覆盖的土地面积是热带雨林面积的四倍多。

### 肉类

肉类是许多人饮食的一部分，随着世界人口的增加，人类需养殖越来越多的动物来满足对肉类的需求。

所有这些动物都需要生存空间，可悲的是，为了腾出空间，世界上的森林正在被清除。

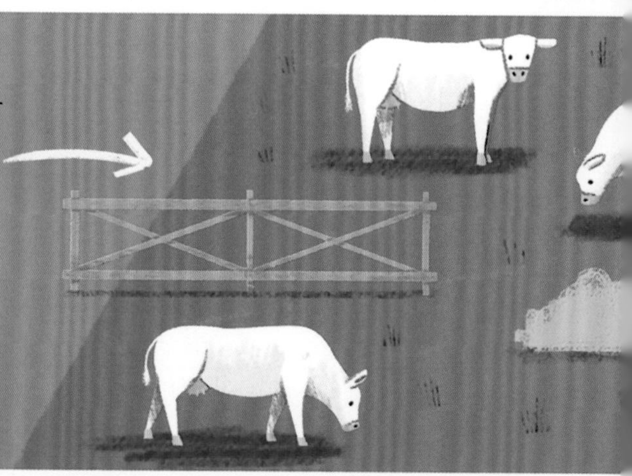

### 大豆

所有养殖场里供人类食用的动物都需要食物。它们最常见的食物之一是大豆。我们也吃大豆，但大多数种植大豆（约 80%）都被用于喂养农场动物，包括鸡、猪和牛。

为了生产足够的大豆，许多森林被砍伐，草原被翻耕。

## 单一栽培

天然的森林由不同的树木、草本植物、河流和溪流拼缀而成。丰富的多样性使它们能够供养许多人和不同的动物。而为了发展农业，森林被砍伐后，取而代之的是一排排的单一品种的植物，这就是所谓的单一栽培。单一栽培地区供养的物种远远少于被它取代的森林。

## 我们能做什么？

我们应该记住，不是每个人都有机会选择他们的食物，而且很多人依然以农业为生。此外，并不是说我们全都应该停止刷牙！但是，我们也有很多方法可以减少我们的饮食和习惯给森林带来的影响。

阅读第 36~51 页，了解如何用可持续的方式发展农业。

阅读第 52~57 页，了解如何有所作为，比如通过购买可持续生产的棕榈油产品等方式来保护森林。

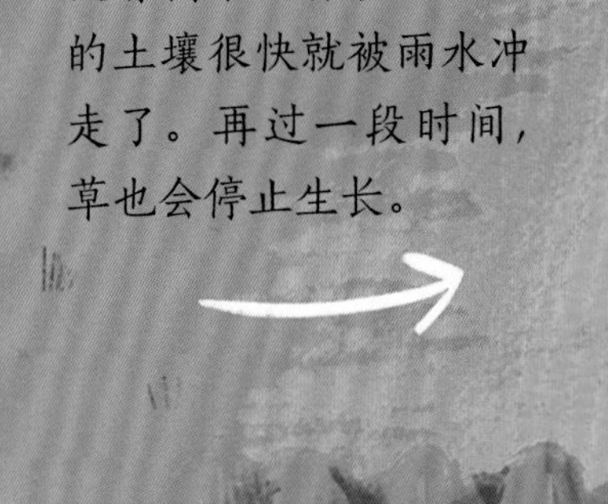

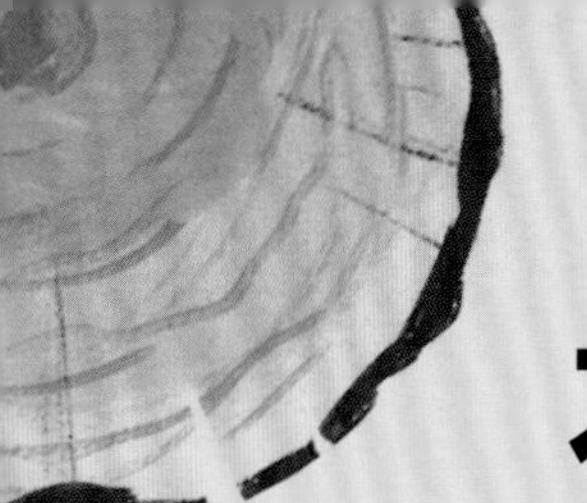

# 木材、纸张、燃料

森林里应该充满鸟语和虫鸣。但在某些森林里，最响亮的声音是电锯的轰鸣声和树木落地时的撞击声。这是伐木活动产生的噪声。人们伐木是为了获得木材，然后利用木材制造日常用品。

## 我们为什么需要木材?

木材是一种奇妙的材料，它天然、强韧、坚硬又美丽，很容易被加工成不同的形状。它也可生物降解，这意味着当你用过之后，它可以在自然界中分解。

木材可以被加工成建筑材料，如木板，也可以化浆制成纸张、纸板、衣服甚至食物！无论被加工为木柴还是木炭，也都是很好的燃料。几千年以来，从制造维京长船到生产第一架飞机，木材帮助人类不断进步并生存下来。

## 伐木带来的问题

木材来自树木，世界对木材的需求意味着我们必须砍伐树木。这通常需要遵循一定的规则（见第48~49页）。但可悲的是，人们并不总是遵守规则。而森林如此辽阔，我们不太可能监控所有的伐木活动。有些伐木者在伐木时不遵守规则，或非法进入森林砍伐保护区内的树木。

## 我们能做什么？

很显然，我们不能彻底停止使用木材，但我们需要确保以最好的方式获取木材并坚持这一信念。

阅读第36~51页，了解我们如何通过鼓励良好的伐木行为、打击非法采伐和重新种植来恢复森林。

阅读第52~57页，了解如何有所作为——通过谨慎使用纸张、购买回收或可持续生产的纸张、种植新的树木等方式来保护森林。

# 树木是如何被砍伐的？

人类可以用不同的方式砍伐树木。其中，可持续砍伐是最好的方式，因为可以持续很长时间且不会对森林造成很大的伤害。下面我们来比较一下两种不同的伐木方式。

动物无家可归。

### 清除性砍伐

意思是将一定区域内所有的树木都砍掉。这是一种破坏性非常大且不可持续的伐木方式，因为它完全破坏了森林的生态系统。如果地上有种子，森林最终可以重新生长，但对生活在那里的动物来说已经来不及了。

砍伐树木导致水土流失，淤泥堵塞溪流。

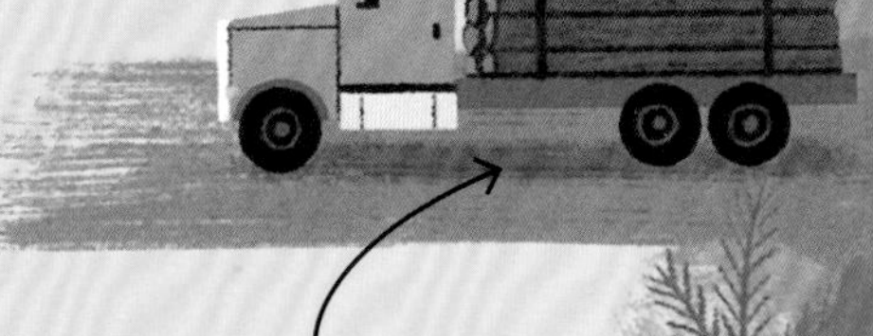

为了进入森林，伐木工需要清出道路，并从林中穿过。

### 选择性砍伐

意思是只砍伐对人类最有用、最大的树。只砍伐老树，留下幼树的伐木方式可以让森林保持生机。如果处理得当，它可以成为一种可持续的伐木方式。

只砍伐大树，可以给小树提供更多的空间和阳光，给动物留下足够的食物和庇护所。

选择性砍伐依然会改变森林脆弱的生态平衡。这些大树倒下的时候也可能把别的树木连根拔起。但如果小心操作，这种伐木方式不会对森林造成长期的破坏。

# 埋藏的宝藏

你知道我们脚下的土地极其珍贵吗？没错，深埋在土壤之下的是隐藏的宝藏，如石油、煤炭、天然气（它们被称为化石燃料），还有矿物。这些埋藏在地下的资源对人类的现代生活至关重要，世界各地都在开采。

## 为什么采矿会对森林造成如此大的破坏？

采矿会对附近的树木、动物和人类造成很大的影响。下面我们来看看采矿对森林产生的影响。

### 到达矿地

如果矿地在森林深处，我们就必须砍树来修路。这些道路有时会被非法伐木者和偷猎者利用，他们会更容易地进入以前难以到达的森林深处。如果矿地真的很大，树木也需要被砍伐，用来给在矿里工作的人们建造住房和机场。

### 挖洞

珍贵的矿藏资源往往埋在地下深处，我们必须挖很大的坑才能找到它们。为了便于挖掘，所有地表上的树木都会被砍掉。有些矿井甚至需要使用炸药来炸出更大的坑。

# 我们在开采什么？

很多矿藏资源是在森林下的地底深处被发现的。钴元素可用于制造手机和其他设备中的电池，大都是在非洲开采出来的。它非常珍贵，人们通常称它为“蓝色黄金”。

另一种有价值的资源是石油，我们可以利用它为我们的家庭供暖，为我们的车辆提供动力。世界上有很多地方都发现了石油，包括热带雨林。

# 我们能做什么？

我们每天都在使用开采出来的资源为我们的汽车提供动力，为我们的家庭供暖，为我们的电子设备提供动力。

因此，我们如何减少采矿对森林的影响呢？

阅读第 36~51 页，了解解决这些问题的方法。

阅读第 52~57 页，了解如何通过减少使用电子设备和化石燃料等方式保护森林。

### 泄漏和污染

从地下挖掘出来的矿藏资源通常会毒害环境。有时，采矿废物被冲进森林中的河流，或被非法倾倒，对依赖这些水道获取淡水的动物和人来说非常危险。

### 野生动物

采矿会对周围的野生动物产生巨大的影响。例如，非洲的刚果民主共和国有许多矿藏，这些矿藏所在的地区是东部低地大猩猩的家园。如今，这些大猩猩生活过的森林大都已经被砍伐，为采矿让路，大猩猩处于极度濒危的状态。

### 森林再生

采完矿后，森林需要很长时间才能恢复。河道被严重污染，土地被采矿活动破坏，森林因此难以在短时间内恢复。

## 第三章

# 毁林的影响

## 树木至关重要

树木为数十亿生活在森林里的动物和人类提供了家园和食物。它们是地球的肺，能消耗二氧化碳并释放氧气。当我们破坏森林时，我们也影响了地球上脆弱的生态平衡。毁林对地球的危害不亚于驾驶汽车和飞机，会对环境产生巨大的压力。如果我们过度砍伐森林，世界将发生永久性的改变。

# 气候变化

森林与地球的气候密切相关。它们有助于阻止地球变得太热或太冷，也会影响云的形成、风和水的循环。它们还能防止危险的气体聚积在大气中。毁林意味着参与这些重要工作的树木变得越来越少，这影响了我们星球的气候。

## 什么是气候变化？

气候变化是世界的天气和温度模式随时间变化的过程。在 20 世纪，地球变暖的速度非常快，大约上升了 1 摄氏度（我们称之为“全球变暖”）。这听起来可能不多，但 1 摄氏度就已经对我们的星球产生了巨大的影响：

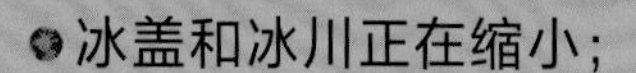

- 冰盖和冰川正在缩小；
- 海平面上升；
- 洪水和干旱越来越普遍，像飓风和龙卷风这样的极端天气越来越频繁地出现；
- 野火变得更大、更凶猛。

## 什么导致天气变热？

地球的温度随时间变化是正常的，但这些变化通常发生在几千年或几百万年之间。最近地球温度的迅速上升是人类的行为导致的。这是为什么呢？

地球被一层气体包围着，这就是我们的大气层。
其中一些气体（我们称为温室气体）能够阻挡地球发散的热量向外逃逸，使地球保持舒适和温暖。当大气层里有一定量的温室气体时，这个系统才能运作良好。

然而，人类活动，如燃烧化石燃料（煤和石油等），释放了越来越多的温室气体，其中包括二氧化碳，这种气体能阻止热量逃出大气层，导致地球变得越来越热。

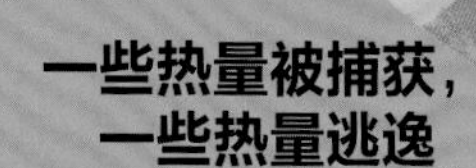

# 树木对气候变化的影响

几乎所有的植物在生长过程中都会吸收二氧化碳（一种温室气体）。这样可以减少大气中的二氧化碳，有助于防止地球变暖。树木尤其擅长此道——森林储存的碳要比同等面积的农作物储存的碳多 100 倍。因此，应对气候变化最好的办法之一就是种更多的树。

我们砍倒树木后，它们就不能再从空气中吸收二氧化碳了。不仅如此，它们还会释放出已经储存在树中的二氧化碳。每年因砍伐森林释放的二氧化碳超过了 14 亿吨。

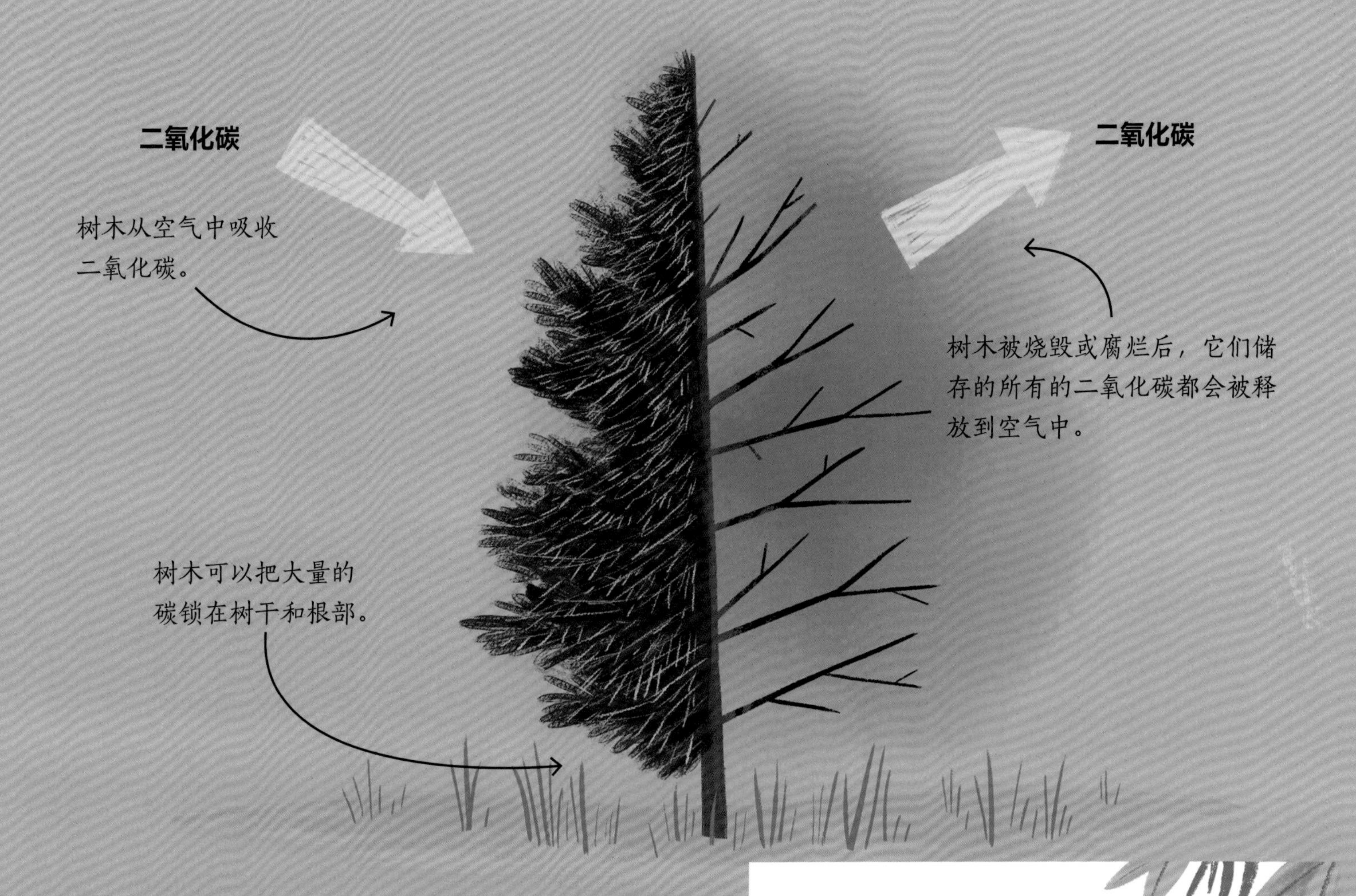


## 天气和气候

天气和气候之间的差异在于时间的不同。天气每天都在变化，而气候是一个地方的天气多年来的平均状况。

## 我们能做什么？

保护我们的森林是应对气候变化的一个重要举措。我们可以做很多事情——无论大小——来保护我们星球的未来。

阅读第 36~51 页，了解为了应对气候变化，大众、政府组织和科学家在这方面做了哪些工作。

阅读第 52~57 页，了解如何通过购买更少的东西、多步行和骑自行车、多呼吁等方式来保护森林。

# 自然失衡

你知道吗，很多我们认为理所当然的东西，比如雨水、干净的空气和健康的土壤，都是因为有了树木才得以存在。树木维持着地球的运作，如果没有它们，世界将发生翻天覆地的变化。

## 在一片健康的森林里会发生什么？

在一片健康的森林里，每棵树的每一部分都在保持环境平衡方面发挥着重要的作用。

树叶中的水分蒸发到空气中，最终形成云，又降为雨，给植物和动物提供了水。

树叶会释放出动物呼吸时需要的氧气，也会过滤有害的气体。

树叶挡住雨水，防止过多的雨水快速落到地上，进而引发洪灾。

枝叶繁茂的树冠遮蔽了阳光，使地面保持凉爽，减少了土壤中的水分蒸发。

成百上千大大小小的动物会在树上安家。对大自然的生态平衡来说，每一种动物都很重要。动物会为植物传播种子，给植物授粉，动物的粪便还能让土壤更肥沃。

树木从土壤里获取生长所需的水分。

树根能固定土壤，防止土壤被水流冲入河流和小溪。

树叶掉落后，它们会腐烂并为土壤提供大量的养分，这可以帮助植物生长。

# 如果没有树木，将会发生什么？

树木被砍伐后，生态会失去平衡。很快，曾经郁郁葱葱的土地会变成荒芜的沙漠。

## 干旱

没有树叶把水汽释放到空气中，雨水就减少了。这可能会导致缺水，也就是干旱。

## 土壤贫瘠

由于没有腐烂的树叶使土壤变得肥沃，也没有遮阴的树冠防止水分蒸发，太阳会将土壤烘干。在这片贫瘠、尘土飞扬的土地上，没有什么新的东西能够生长。

## 滑坡

如果没有树根来固定土壤，山体滑坡会变得更加常见。这对人类、动物和植物来说都很危险。

## 洪水

没有树木帮助减缓雨水的流速，雨水会更快地流入河流或小溪，这会引发洪灾。

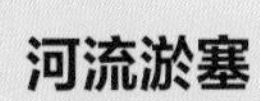

## 河流淤塞

尘土很容易被风吹走，也很容易被冲到河里。河流淤塞时，一些鱼类和其他河流动物会难以生存。这样的河流也可能会毒害依赖河水生活的人和动物。

## 动物濒危

当树木消失时，生活在树上的动物也会随之消失。那些依靠这些动物授粉或传播种子的其他植物也会跟着消失。

# 面临危境的人类

几千年来，有些人一直生活在森林里，却并未破坏森林。他们通常是土著——最早生活在那里的人。这些人与森林有着密切的联系。他们依靠森林获得住所和食物，他们也知道，如果他们从森林中拿走太多东西，他们的后代将一无所有。

## 什么威胁着人类？

不是所有的人都那么尊重森林。一些公司和政府有时会用一种可能彻底摧毁森林的方式攫取它们想要的资源。当它们这样做的时候，它们也威胁到了把这里当作家园的土著的文化和生活方式。让我们来看看两片不同的森林中的土著是如何受到影响的。

## 热带雨林里的居民

约有 100 万土著生活在亚马孙雨林中。这些人分成许多部落。而有些部落从未接触过森林之外的世界！阿瓦人就居住在巴西亚马孙雨林的深处。每天都有非法伐木者深入阿瓦人聚居的地区。阿瓦人试图保护自己的森林时，可能会被伐木者枪杀。如果阿瓦人离开森林，他们将失去唯一一种他们所知的生活方式。

# 针叶林里的居民

一群被称为萨米人的土著居住在斯堪的纳维亚半岛的北部和俄罗斯，他们利用针叶林的历史已经有数百年了。过去有许多萨米人在针叶林里放牧驯鹿，但现在只有 10% 的萨米人以这种方式生活，因为可供他们放牧驯鹿的针叶林的面积一直在缩小。针叶林因人类伐木、采矿、修建新的道路和火车线路的活动而受到威胁。如果萨米人不能再放牧驯鹿，他们也会失去很多文化和传统。

## 我们需要树木！

因毁林问题受到影响的不仅仅是那些生活在森林中的人类，还有我们喝的水、呼吸的空气以及食用的动植物。如果世界上没有了树木，全世界的人都会遭受劫难。

# 处于危境中的动物

当森林被砍伐时，依靠森林获得食物和庇护所的动物也会在生存的边缘挣扎。在过去的 40 年里，生活在森林中的动物的数量减少了一半以上。一些动物失去了它们在森林中的大多数栖息地，现在濒临灭绝。想象一下没有大猩猩、美洲豹或考拉的世界，如果我们不停止砍伐树木，这些动物可能会从此消失。下面我们来认识几种因毁林问题而危在旦夕的动物。

## 热带雨林里的动物

没有什么动物比红毛猩猩更适合在热带雨林中生活了。这种生物几乎一辈子都在树上度过，它们在树枝间优雅地荡来荡去，晚上在树顶上筑巢睡觉。但是，红毛猩猩生活的热带雨林位于东南亚的加里曼丹岛和苏门答腊岛，是世界上消失速度最快的森林之一。穿过森林的新道路也让偷猎者更容易进入森林。他们会偷捕小猩猩并将它们作为宠物出售。除非我们采取行动应对这些威胁，否则红毛猩猩很可能在 30 年内从野外消失。

## 濒临灭绝的植物

受到威胁的不仅仅是动物，世界上大约 2/3 的植物物种也分布在热带雨林里。森林被砍伐后，一些植物物种也会永远消失，包括一些我们可能从来都不知道它们曾经存在过的物种！

## 我们能做什么？

我们总想保护生活在森林里的那些让人觉得不可思议的动植物，但是该怎么做呢？

阅读第 36~51 页，了解为了保护森林中的生物，我们如何用建立保护区、发展生态旅游、增设护林员和开发保护技术等方式来保护森林。

阅读第 52~57 页，学习在日常生活中可以采取哪些行动，帮助照看森林和生活在森林里的动物。

## 温带森林里的动物

夜幕降临，北方斑点鸮悄无声息地俯冲到树下寻找猎物。这些受到威胁的鸮生活在北美西部的松栎林中，因为那里有大而古老的树木和很多种其他植物可以供它们栖息。但在许多地方，人类正为获取木材砍伐这些健康的古老森林，然后重新种植新的树木。北方斑点鸮无法在较年轻的森林中生存，因此它们的数量正在逐年下降。而新生的森林可能需要 100 年左右的时间才能恢复到足以供养所有曾经生活在那里的野生动物的水平。

## 针叶林里的动物

在俄罗斯和中国东北部森林中潜行的东北虎会为了寻找猎物而长途跋涉。它那巨大的爪子可以防止它深陷雪地中，而厚厚的皮毛可以帮助它抵御严寒。这些东北虎曾经栖息的森林 95% 以上已经被人类破坏，老虎们还常常因误入人类居住区而被杀死。据说，全世界野生东北虎的数量可能只有不到 600 只。

## 已经消失的动物

可悲的是，对这些动物来说现在已经太晚了——因为毁林问题，它们都已经灭绝了。

**古巴象牙喙啄木鸟**

这种啄木鸟最后一次出现是在 20 世纪 80 年代，当时古巴的古老森林已被砍伐并变成甘蔗种植园。

**斯皮克斯金刚鹦鹉**

因为在巴西森林中的家园遭到破坏，这种美丽的鹦鹉在 2000 年左右就在野外灭绝了。

**马德拉欧洲粉蝶**

葡萄牙马德拉群岛上的月桂林消失后，这种蝴蝶再无容身之地，因此从 20 世纪 80 年代以后，这种蝴蝶就再也没有出现过。

# 第四章
# 避免毁林的办法

**“种下一棵树最佳的时间是在 20 年前，其次是现在。”**

幸好扭转毁林带来的影响为时未晚，但我们需要立即行动起来！为了森林的存活和繁荣，我们需要找到明智的解决方案，也需要使用最新的技术并投入更多的人力。幸运的是，全世界已经有成千上万的人为了拯救森林贡献自己的一生。无论是农民、记者还是环保主义者和科学家，每个人都在保护树木方面发挥了作用。

# 保护野生动物

科学家们认为，如今地球上大约有 3 万亿棵树——这是一个巨大的数字。但在人类开始砍伐它们之前，它们的数目是今天的两倍！因此，保护剩下的树木是非常重要的。值得庆幸的是，为了保护地球上的森林，世界各地都提出了许多切实可行的解决方案。我们一起来看看吧。

## 人工繁育

将动植物和自然区域保护起来的地方被称为保护区。那里有许多不同工种的保育员，包括致力于保护森林和动物的科学家。他们通过繁育计划（在野生动物保护区饲养濒危动物）等方法开展研究，并与世界分享成果（见第 46 页）。

*20 世纪 70 年代，因栖息的森林被砍伐，罗德里格斯果蝠濒临灭绝。得益于保护区的设立，现在有 2 万多只这样的小蝙蝠生活在这里。*

## 植树

如果完全不去打扰森林，它们最终会自我修复。但我们可以加快这一进程，向它们伸出援助之手。植树就是一个很好的例子。这种老少皆宜的活动可以让世界各地的人参与进来。我们可以在森林已被毁坏的地区种树（我们称之为森林恢复），或在已经很久没有长出树木的地方种树（我们称之为再造林）。

*城市公益植树计划已经促使人们在英国和其他国家的城镇种植了 100 多万棵树。有非常多的志愿者在当地的公园、学校、社区果园和其他城市空间中植树。*

## 生态旅游

你知道游客可以帮助拯救森林吗？生态旅游项目（人们以保护自然为目的去自然区域旅游）为当地人民和政府分别提供了就业机会和资金，使游客想要拜访的森林变得更有价值，同时也保证了森林的安全。

国家公园和保护区，比如美国的红杉树国家公园就是一种保护区。

## 保护区

政府可以通过建立保护区来保护森林。在保护区内，伐木、采矿和狩猎野生动物等活动是完全禁止的。森林里的人类、野生动物和植物也因此得以免受伤害。如今世界上有大约 200 000 个保护区。

## 社区森林

有时政府会把受保护的土地交给当地社区或土著管理。社区会负责决策和规划，可以自由地按照自己认为合适的方式来管理森林。因为这些人生活在当地，所以他们对森林很尊重，也不会占用太多的资源。

阿丘雅人是一群生活在雨林里的土著。数百年来，他们的生活都依赖于森林，所以他们了解如何在不伤害森林的情况下生活。

# 解决伐木和采矿问题

世界上的人们不会停止使用由木材或从矿场挖掘出来的东西制成的产品，因此我们必须确保以对森林造成最小危害的方式来获得这些产品。最好的方式是通过支持以可持续方式生产的产品来阻止非法伐木和采矿行为。

## 鼓励可持续伐木

正如我们看到的那样，某些伐木的方式比其他方式更具可持续性（见第 23 页）。通过选择购买以可持续方式生产的木材和纸制品，我们可以支持对森林更友好的伐木方式。标识和标签可以清楚地表明哪些产品是以可持续方式生产的。

*森林管理委员会（FSC）是一个国际组织，负责督查森林管理是否以对人类和环境负责任的方式进行。通过其测试的产品都会加上 FSC 打钩的树形标志。这本书就是用通过了 FSC 认证的纸张印刷的。看看你能不能画出这个标志！*

## 为当地人提供工作机会

那些未使用可持续的方式砍伐树木的人常常是为了养家和谋生才这么做的。他们可能只是服从某一家大公司的工作安排，也可能只是迫切需要钱来支付食品或医疗保健费用才会非法伐木或采矿。我们需要确保那些以此谋生的当地人不会遭受损失。实现这一目标的方法之一是提供培训或为他们提供不同的工作。

*“电锯回购”项目于 2017 年在印度尼西亚启动，这个项目允许那些通过非法采伐赚钱的人用他们的电锯换取贷款和培训，从而开启新的农民生活。*

# 监控非法伐木和采矿

森林的面积很大，所以很难知道何时有人在非法伐木或采矿。但是我们可以利用科技，用一些聪明的办法来帮助自己。

在森林上空使用无人机，可以帮助当地的管理机构查看那些难以到达的地区，从而发现非法伐木或采矿活动。

*2013* 年，发明家和探险家托弗·怀特创建了一个系统，它可以监听非法采伐的声音，还能发送消息提醒当地的管理机构。他的这项发明利用了太阳能电池和旧手机，这些设定好程序的手机能识别电锯发出的声音，有效距离最远可达 *1.6* 公里。这个系统在印度尼西亚投入使用后取得了成功，现在也在非洲和南美洲使用。

# 追踪森林产品

如果我们不能跟踪产品的来源，就很难知道它们是不是以可持续的方式生产的。管理森林的人并不是总会做详细的记录。但科技让这一切变得容易了。工程师们已经开始创建应用程序来存储每棵树的信息，让我们能够跟踪每棵树的源头和终点。

随着科技的发展，未来人们可能只要点一下手机屏幕，就能知道自己买的木制品的原材料来自哪片森林。

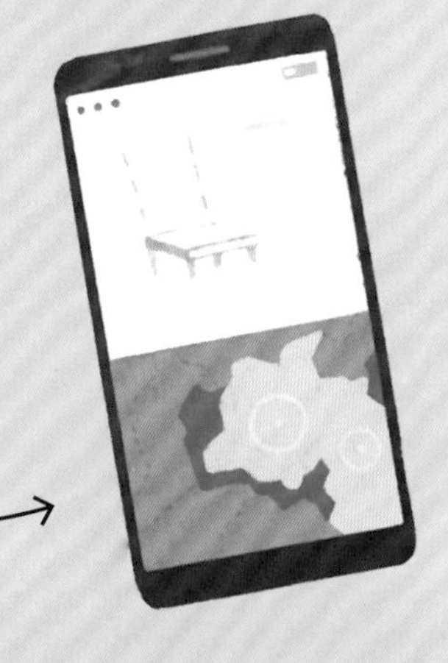

# 雇用护林员

护林员负责巡逻，以保护所有生活在森林里的动植物。他们非常勇敢，夜以继日地工作，防止树木被非法砍伐或动物被偷猎。

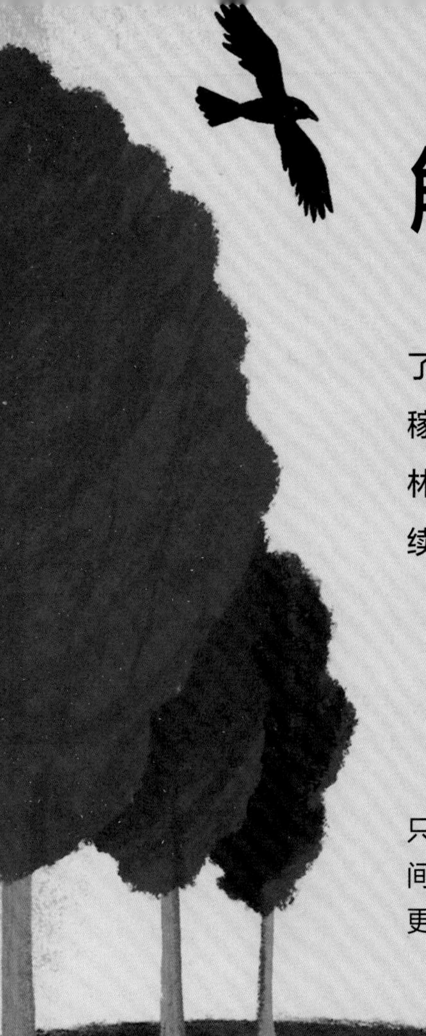

# 解决农业问题

在未来的 30 年里，世界人口可能会增加 20 亿左右。要养活的人多了很多，我们无法继续用砍伐树木的方式腾出更多的土地，然后种植庄稼或放牧牲畜。相反，为了子孙后代，我们应开始用能够保护地球和森林的方式耕种作物，我们称之为可持续农业。下面我们来看看发展可持续农业的方法。

## 农林业

说起农田，我们通常想到的是被单一农作物覆盖的大片田地。但农田不是只有这一种模式。在发展被称作“农林业”的农田中，人们将树木种在作物之间或放牧牲畜的牧场里。树木可以让土壤变得更肥沃，意味着农作物会生长得更好，而树木也给森林动物提供了栖息地。

## 零毁林承诺

解决毁林问题的一个方法是让企业负起责任，停止购买和销售在森林被毁的土地上耕种的作物。零毁林承诺（ZDC）意味着企业在生产产品的过程中没有对森林造成任何伤害。也就是说，这一过程中没有树木被砍伐，或是企业在砍伐树木后会立刻补种新的树苗。

*2006 年，几乎所有大豆贸易商（购买和销售大豆的人）都签署了《亚马孙大豆交易暂停协议》，它属于第一批 ZDC 项目。贸易商承诺不会购买在最近被毁的林地上种出的大豆。他们信守了自己的承诺！结果，在不到 10 年的时间里，在森林被毁的土地上种植的大豆的占比从 30% 下降到了 1%。*

## 蛋白质的替代品

包含肉类在内的各种富含蛋白质的食物是我们饮食的重要组成部分。但是饲养牛这样的大型动物需要大量的土地、水和食物（通常是大豆）。一种解决方案是我们可以用其他含蛋白质的食物部分代替肉类，比如谷物、豆类和坚果中都含有蛋白质。

几千年来，世界各地的人们都会通过食用昆虫来增加饮食中的蛋白质。其中既有尝起来像蜂蜜的蜜罐蚁，也有很有嚼劲的奶油色的甲虫幼虫。昆虫能在对环境造成较少破坏的前提下快速繁殖。在柬埔寨，路边就可以买到作为小吃的油炸狼蛛。

## 可持续棕榈油

数以百万计的农民都靠砍伐大片亚洲热带雨林并种植油棕树来谋生（见第 20~21 页）。世界上的人们不会很快停止使用棕榈油，因此，以负责任的方式种植油棕树是很重要的。以下是可借鉴的两种方式：

1. 鼓励生产者以可持续的方式种植油棕树。这意味着人们只会使用已经清理过的土地，同时需要保护濒危动物以及与当地社区合作。

在印度尼西亚的一些可持续油棕种植园中，森林是留给野生动物的，这样做有助于保护穿山甲等濒危动物。

2. 鼓励个人和企业只购买可持续棕榈油。

在英国切斯特动物园工作的环保人士们成功开展了一项运动，使切斯特成为世界上第一个使用可持续棕榈油的城市。他们说服了这个城市的 50 多家组织承诺使用可持续棕榈油。现在他们的目标是确保这个城市里的其他人也做出同样的承诺。为了提供帮助，他们制作了一份使用可持续棕榈油的便利购物清单。

# 技术支持

现代世界里到处都是科技。在某些方面，制造和驱动这些技术设备是导致地球遭遇劫难（比如气候变化）的罪魁祸首。但是，我们也可以利用技术拯救我们的森林。下面是一些科学家、设计师和工程师们提出的创意。

## 可再生能源

世界上的能源有些来自在森林的土地下发现的石油和天然气，也有一部分是人类烹饪和取暖时燃烧的木材和木炭。但科学家们已经找到了其他方法，让我们可以在不破坏森林的前提下制造能源。比如，太阳能电池板可以利用太阳的能量产生能量。同理，风和水的力量也可以被利用起来。最值得称赞的是，这些类型的能源是可再生的，这意味着它们永远不会被用完！

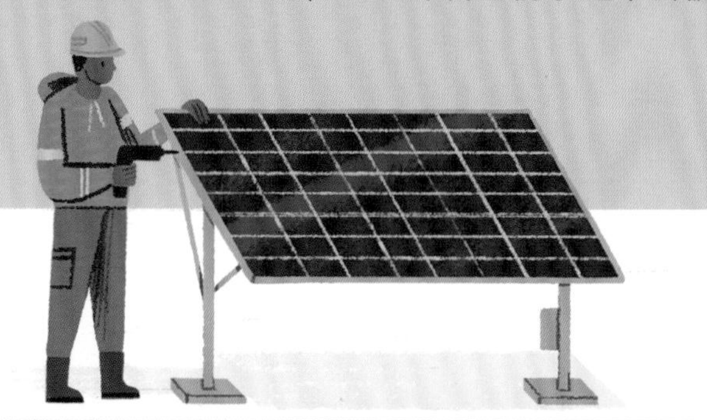

## 人工光合作用

植物是制造能源的有机体，它们可以通过光合作用将二氧化碳、水和阳光转化为能量。科学家们现在也弄清楚了如何做到这一点！但是，目前这种技术使用起来非常昂贵和困难，我们期待有一天它会成为实用的能量来源，而且它也不会对森林造成任何破坏。

## 卫星

为了阻止毁林行为，我们需要关注这些行为的发生地。在过去，要获得这些信息是非常困难的。但是，现在我们可以使用卫星从太空查看森林的状况，卫星会围绕地球轨道飞行，能从我们头顶上方飞过并拍照。卫星技术可以向我们展示哪里的森林正在消失，以及消失的面积和速度。

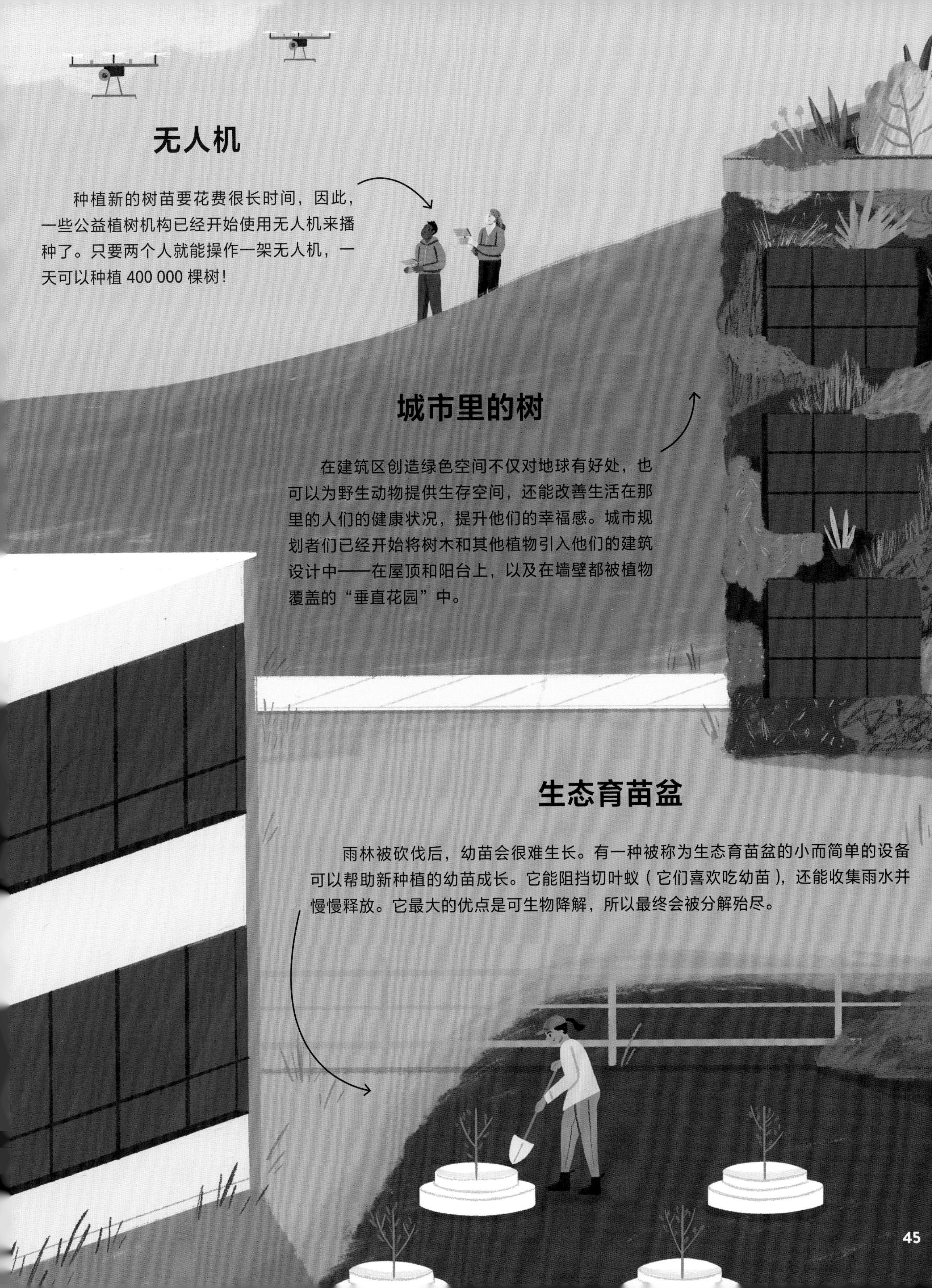

## 无人机

种植新的树苗要花费很长时间，因此，一些公益植树机构已经开始使用无人机来播种了。只要两个人就能操作一架无人机，一天可以种植 400 000 棵树！

## 城市里的树

在建筑区创造绿色空间不仅对地球有好处，也可以为野生动物提供生存空间，还能改善生活在那里的人们的健康状况，提升他们的幸福感。城市规划者们已经开始将树木和其他植物引入他们的建筑设计中——在屋顶和阳台上，以及在墙壁都被植物覆盖的“垂直花园”中。

## 生态育苗盆

雨林被砍伐后，幼苗会很难生长。有一种被称为生态育苗盆的小而简单的设备可以帮助新种植的幼苗成长。它能阻挡切叶蚁（它们喜欢吃幼苗），还能收集雨水并慢慢释放。它最大的优点是可生物降解，所以最终会被分解殆尽。

# 分享事实

当你掌握了所有的事实，你很容易就能明白为什么毁林是一个巨大的错误。所以，我们必须让人们确切地理解森林的重要性以及毁林有多大的破坏性，否则毁林行为永远不会停止。让我们看看分享事实可以如何帮助我们拯救森林。

## 科学

分享科学知识。世界上还有大面积的森林从未被开发过。谁知道它们的深处还有什么秘密等待我们去发现呢？科学家们会探索这些森林，发现生活在森林中的令人惊叹的动植物，然后与世界分享他们的发现。科学家们的研究让我们知道世界上还有可以用来治疗癌症等疾病的神奇植物，他们也能告诉我们哪些动植物已处于危险境地，需要得到保护。

在巴西的大西洋森林中，科学家们正在研究许多珍稀物种，比如树懒，他们想要了解如何更好地保护它们。

## 新闻、电视和书籍

媒体传播是另一种曝光毁林行为的方式。新闻中的最新统计数据可以让我们了解有多少森林已经消失。纪录片和书籍（比如本书）可以更详细地解释为什么毁林问题会发生。它们让世界各地的人们认识到自己的行为能影响千里之外的树木，这会引导人们改变自己的行为，比如改变购买习惯和饮食选择。

# 互相学习

最了解森林的人是在森林中生活或工作并关心如何保护森林的人，包括科学家、专家和土著。他们会通过分享自己知道的信息来保证森林的安全。

有时，住在森林附近、靠出售森林产品赚钱的人可能没有意识到为什么毁林行为对他们的社区和地球如此有害。通过与他们分享信息，科学家和专家可以帮助他们了解当地森林的价值。例如，森林可以帮助当地河流保持清洁，也可能是当地特有的动物的家园。当地人还可以了解不会对森林造成伤害的谋生方式，比如生态旅游（见第 39 页）。

我们也可以向生活在森林中的土著学习。他们在可持续管理森林方面拥有积累了数千年的知识和经验。

在加拿大，国家土著林业协会提供了有关如何保护野生动物的宝贵建议，还有如何保持水源清洁等其他事项的信息。

## 青少年教育

课堂是分享知识最重要的场所之一。年轻人可能现在没有多少力量，但他们总有一天会掌权的。如果学校在孩子们很小的时候就让他们了解森林的价值，他们长大后就更有可能做出对森林和地球有利的决策。

教孩子认识树木重要性的一个好方法就是让他待在森林里！“森林学校”将教学场景设在室外而非室内，让孩子们在森林里玩耍，亲身体验奇妙的森林。

# 法律和规则

要解决毁林问题，最好的方法之一是颁布保护森林的法律和法规——如果没有它们，任何人都可以随心所欲地砍伐树木，我们就可能再也没有森林了！法律和法规能确保个人、企业和国家遵守规则并对自己的行为负责。

让我们看看有哪些应对毁林问题的法律、规则和协议。

## 政府许可证

每一个国家的政府都可以划定森林保护区（见第 39 页）。在这些地区，砍伐树木是法律禁止的行为。同时，政府也可以规定人们可以在哪些地区的森林中伐木、采矿或发展农业。任何想要砍伐森林的企业都必须向政府申请许可证，政府会发放许可并制定相关规则。

例如，伐木许可证上会写：

哪里的树木可以被砍伐。

x 100

有多少树可以被砍伐。（这就是所谓的“配额”。）

什么样的树木可以被砍伐。

树木可以以何种方式被砍伐。

# 保障土著社区的安全

某些保护森林的法律不是由政府或大型组织制定的，而是由个人或一小群人制定。瓦拉尼人是一群居住在厄瓜多尔亚马孙雨林中的土著。当政府试图将他们的土地出售给石油公司时，瓦拉尼人决定将政府告上法庭。2019 年，瓦拉尼人赢得了官司，法院裁定未经许可出售瓦拉尼人的土地是违法的。这意味着瓦拉尼人的森林和他们的生活方式受到了法律的保护。

## 制定协议

2016 年，世界上几乎所有国家都签署了一份名为《巴黎协定》的协议。这些国家承诺采取措施防止气候变化，包括减少排放温室气体，以及采取行动阻止地球大气层的温度失控地上升。该协议也规定政府有责任保护森林并控制森林砍伐率。

## 保护植物和动物

一些法律和协议致力于保护生活在森林中的动植物。《濒危野生动植物种国际贸易公约》（CITES）是 180 多个国家参与缔约的一份协议，生效于 1975 年。该协议的目的是控制濒危动植物贸易，使其不致威胁到它们的生存。根据协议，除非你有特别的许可证，否则买卖由数百种特定树木制成的木材是非法行为。这意味着砍伐这些树的人会减少，因为他们无法出售。

桃花心木

箭毒蛙

# 人民的力量

无论森林遭遇了多么可怕的事情，它们都无法为自己发声，要求人们保护它们。所以，我们需要环保主义者、慈善公益机构和勇敢的公民为树木们发声。下面我们来认识一些为此挺身而出的优秀公民和团体吧。

## 帕特里夏 · 赖特

1986 年，美国狐猴专家帕特里夏 · 赖特前往马达加斯加寻找大竹狐猴。当时很多人认为这种狐猴已经灭绝了，而她不仅发现了她要寻找的这个物种，还发现了另一个新的物种！帕特里夏很快意识到，她寻找的狐猴生活的那片森林正受到伐木业的威胁。在她的帮助下，当地人建立了保护树木以及 12 种狐猴的拉努马法纳国家公园。

## 旺加里 · 穆塔 · 马塔伊

1977 年，肯尼亚活动家旺加里 · 穆塔 · 马塔伊发起了一场“绿带运动”，鼓励非洲妇女在当地的农场、学校和教堂周围植树并关注环境问题。旺加里发起的这项运动促使人们在肯尼亚种植了超过 5 000 万棵树木，她也在 2002 年成为第一位非洲籍女性诺贝尔和平奖获得者。

## “25 个反对毁林行为的声音”

2018 年，25 名来自哥伦比亚的人（年龄在 7 岁至 26 岁之间）自称“25 个反对毁林行为的声音”，起诉他们的政府未能保护亚马孙雨林。他们认为，土著、我们的子孙后代和大自然都有权享受健康的气候。他们打赢了官司，哥伦比亚政府因此制订了一项保护雨林的行动计划。

## 特米亚人

当一家伐木公司开始砍伐特米亚人居住的森林时，当地人决定采取行动。特米亚人世代生活在马来西亚的热带雨林中，他们不希望自己的家园、狩猎场和生活方式遭到破坏。当政府无视他们的求助时，他们决定设置路障，阻止伐木卡车进入森林。伐木公司向法院起诉，要求拆除路障。但特米亚人赢得了诉讼，并继续为保护他们的土地而奋斗。

## 菲利克斯 · 芬克贝纳

“为地球植树”是一个成立于 2007 年的国际公益组织。当时有一名德国小学生菲利克斯 · 芬克贝纳提出了让全世界的孩子种 100 万棵树的想法。在 3 年的时间里，这个机构实现了该目标。于是菲利克斯又设定了一个新的目标——再种植 1 万亿棵树！今天，该机构正在努力实现这一目标。它还拥有 7 万多名儿童大使，以鼓励其他人采取行动保护地球。

# 第五章

# 你能做什么

## 你也可以提供帮助

当你独自一人的时候，对抗大企业或改变人们的习惯似乎是不可能完成的任务。但是，即便你并非科学家或发明家，你也永远不要因为觉得自己的力量太渺小而无所作为。你采取的每一项行动都能影响你周围的人、植物和动物，最后的结果由你决定。如果有足够多的人一起努力，一起积极地行动起来，我们就能取得巨大的成就！

# 改变你的习惯

我们很少想到自己的日常行为能影响千里之外的森林。但每次我们打开灯或往垃圾桶里扔一张纸时，我们都可能会耗尽宝贵的森林资源。那么，**你**怎样改变你的习惯来保护森林呢？只要在以下这些小事上做出改变，你就能带来巨大的影响。

## 远离化石燃料

我们已经知道开采石油、煤炭和天然气等化石燃料对森林有害，但如何减少使用这些燃料呢？

- 短途旅行时尽量选择步行或骑自行车，而不是开车，因为许多汽车都由化石燃料驱动。
- 减少购买和使用塑料，因为塑料由石油制成。
- 在你的家里，你可以思考如何度过一个不需要坐飞机的有趣假期，因为乘坐飞机旅行需要消耗大量的化石燃料。
- 让你的监护人了解一下供应可再生能源的公司。

离开房间时，关掉电灯并拔掉插头，因为发电需要化石燃料。

鼓励家里的每个人多穿一件毛衣，而不是把暖气调高，因为许多供暖系统都用化石燃料供电。

## 植树

改变你的行为，意味着你不仅应该戒除那些危害森林的习惯，还应开始培养新的、有益的习惯或爱好。为什么不加入当地的植树小组，或者在你的花园和学校里种一些树呢？它们刚开始可能只是小树苗，但总有一天这些树会长得比你还高；它们会成为许多不同动物的家园，还能吸收二氧化碳，为我们供应清新的空气。

## 减少购买！

我们生活在一个“一次性”的世界，我们习惯于不断地购买新的东西。当旧的东西坏了，或者我们厌倦了它们的时候，我们会把它们扔掉。但人们并不是一直都这样做。以前人们使用手工制作的东西，当它们坏了，人们会再次修理。他们很高兴能细心地护理物品。你也可以这么做！好好护理你的旧物，意味着你不需要购买更多的新物品。

- 直到物品完全不能用才换新。
- 好好护理你的电子设备。如果它们坏了，把它们修好，而不是扔掉。
- 买新东西之前，先想想自己是不是真的需要它。如果你决定购买，请阅读第 56~57 页，了解如何负责任地购物。

看看你能不能坚持使用同一支铅笔，直到它变成一个很短很短的笔头！

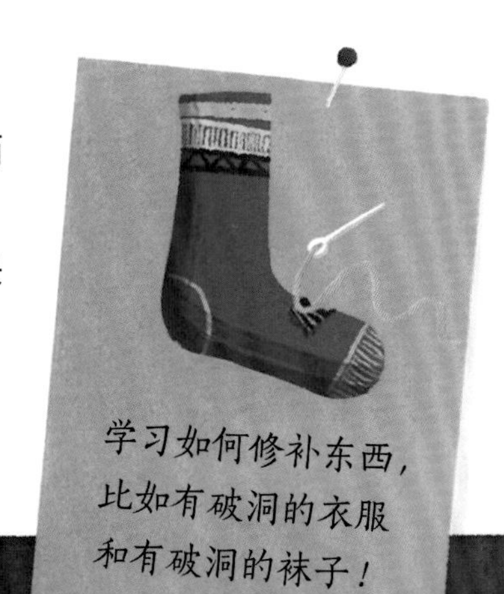

学习如何修补东西，比如有破洞的衣服和有破洞的袜子！

## 减少浪费！

你可以想出创造性的方法再次利用旧物，而不是把它们扔掉吗？

- 使用纸板来包装工艺品。
- 使用纸的正反两面，也可以多次使用同一张纸，直到所有的空白都被填满。
- 考虑把你家的旧手机捐赠给一个公益项目，比如托弗 · 怀特的项目（第 41 页）。
- 如果你不能再次利用一件物品或者把它送出去，请在把它放进垃圾桶之前，想想它是否可以被回收。因为用回收的废料制造的新产品消耗的能源会更少。

用你的画作或素描纸来包装礼物。

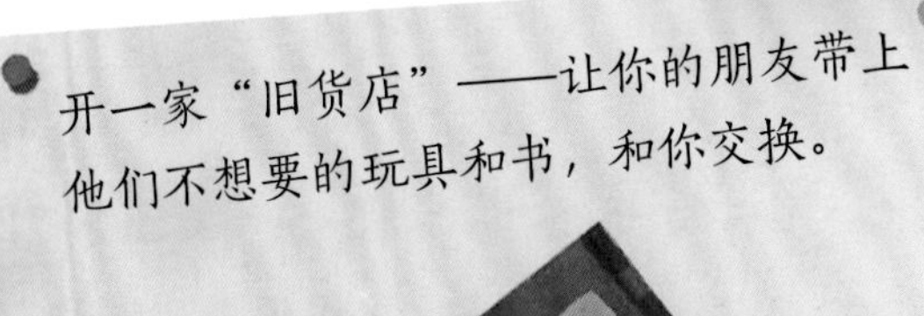

开一家“旧货店”——让你的朋友带上他们不想要的玩具和书，和你交换。

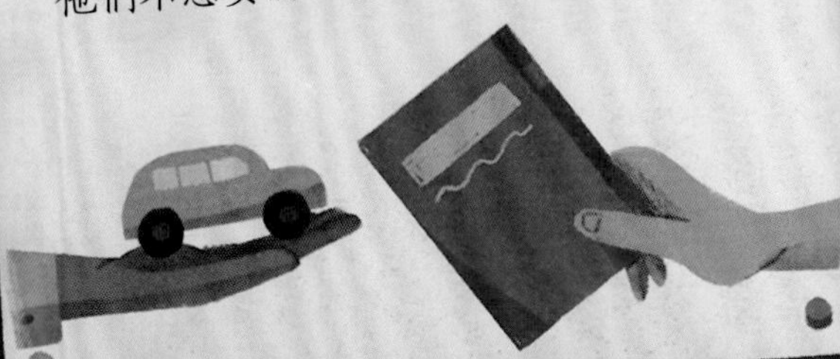

# 负责任地购买

消费者（买东西的人）拥有很大的权力。通过仔细查看标签并思考产品的来源，我们可以选择购买以对地球和森林有益的方式生产的东西，同时避开那些以损害地球和森林的方式生产的产品。

## 购买可持续产品

如果你需要购买来自森林的产品，请务必确认它们是以可持续的方式生产的。你可以从包装上判断或者在网上查询信息。只选择购买可持续生产的产品，可以向伐木工和农民传达一个信息：我们关心树木和地球。如果有足够多的人拒绝购买用不可持续的方式生产的产品，伐木工和农民最终会意识到他们需要改变自己的做法。

**棕榈油**

留意那些只使用可持续棕榈油的企业和产品。“棕榈油”可以很隐蔽地出现在标签中，例如，“植物油”和“植物脂肪”都是“棕榈油”的不同说法。在可能的情况下，尽量选择标明“使用可持续棕榈油”的产品，但最好选择“不使用棕榈油”的产品。

**纸和木材**

如果你购买的是木制品或纸制品，请留意包装上是否有 FSC 标志。这个标志意味着它们是用负责任的方式从森林中获取材料然后制成的。

## 负责任地购买肉类

有时候，砍伐森林是为了在土地上放牧或种植农作物来喂养动物（见第 20~21 页）。因为肉类是良好的蛋白质来源，平衡膳食对我们很重要。但是，我们怎样才能通过购买和食用肉类来保持健康，同时又做到善待环境呢？以下是一些想法：

**水果和蔬菜**

选择本地种植的水果和蔬菜，或者在家里或学校里亲手种菜。直接从花园里采摘的青菜叶、西红柿、胡萝卜和土豆的味道更好。

**本地肉类**

买肉的时候，可以让你的监护人挑选来自本地且以不破坏环境的方式饲养的动物。

**肉类替代品**

每周选择一天，多吃肉类以外的富含蛋白质的食物。豆类是很好的选择。

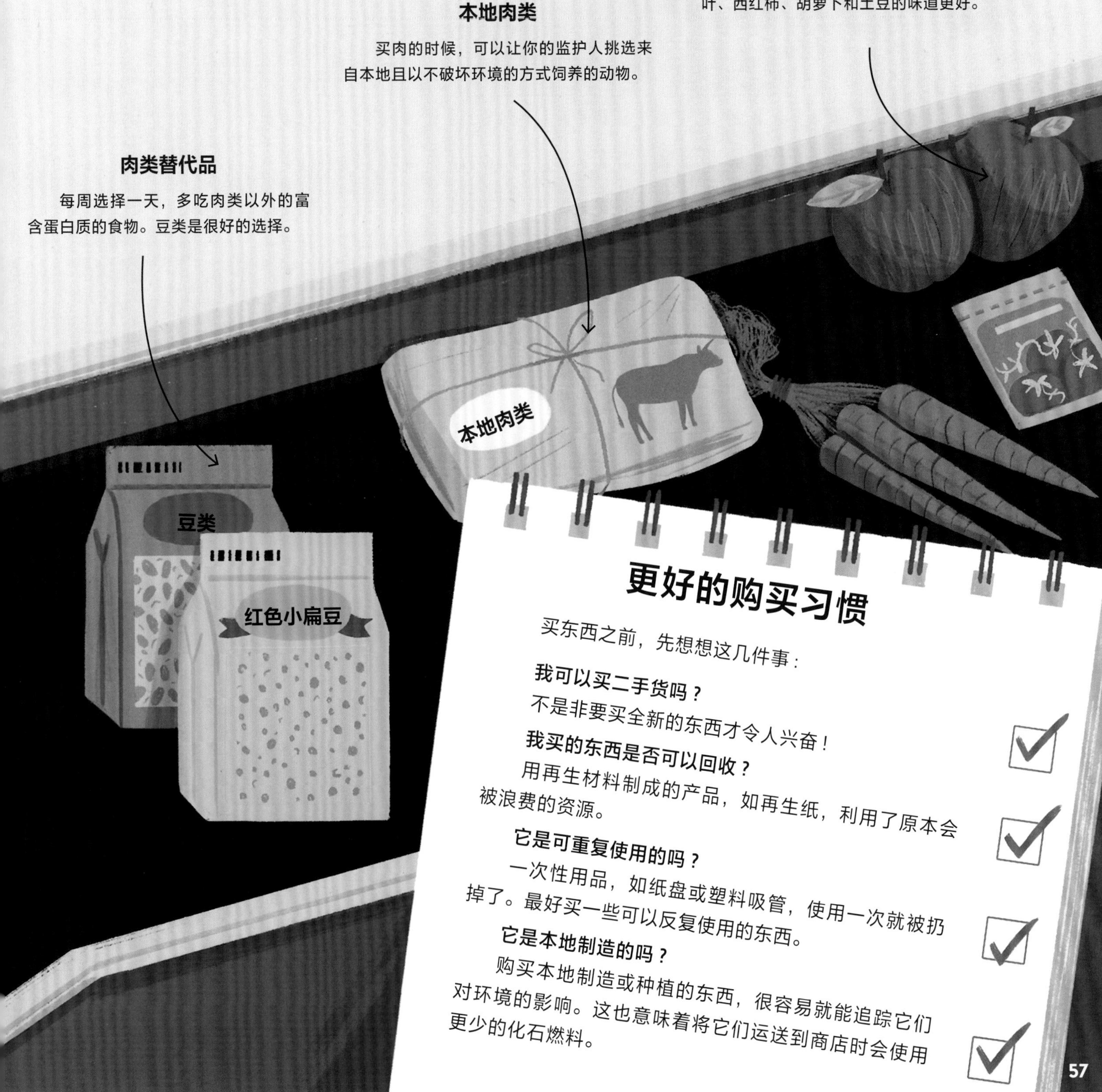


### 更好的购买习惯

买东西之前，先想想这几件事：

**我可以买二手货吗？**
不是非要买全新的东西才令人兴奋！

**我买的东西是否可以回收？**
用再生材料制成的产品，如再生纸，利用了原本会被浪费的资源。

**它是可重复使用的吗？**
一次性用品，如纸盘或塑料吸管，使用一次就被扔掉了。最好买一些可以反复使用的东西。

**它是本地制造的吗？**
购买本地制造或种植的东西，很容易就能追踪它们对环境的影响。这也意味着将它们运送到商店时会使用更少的化石燃料。

# 学会发声

如果你告诉每一个认识的人森林面临的问题，以及如何保护森林，你认为有多少人会接收到你的信息？想象一下，如果同一份信息在不同人之间互相传递，我们很快就能把信息传播到远方，不是吗？

你的声音很有力量！不要因为觉得你年龄太小或力量太小而无所作为。世界各地的儿童已经发出声音来支持他们的信仰。这里有一些方法，教你如何为森林发声。

## 给企业写信

告诉那些不负责任的企业，你认为他们做得不对。如果很多人发出同样的声音，这些企业最终会不得不改变做法。

- 告诉他们，如果他们的产品使用的成分对森林有害，你将不会购买他们的产品，直到他们的产品中不再含有这些成分。
- 要求他们遵循“零毁林”政策。这些企业需要追踪产品的来源，并确保制造这些产品时不需要砍伐树木。
- 要求他们尽量减少包装，并使用可回收或可生物降解的包装材料。询问他们如何负责任地处理包装材料。

## 帮助你的家庭

在你的家人们去购物时，提醒他们选择可持续生产的产品，并且尽可能少地使用包装。你可以负责准备好可重复使用的袋子，或者帮助他们检查标签上是否标明了可持续生产的成分。即使只是把一件物品换成可持续生产的产品，也会产生很大的影响。

# 说出来！

## 在学校里宣传

你们学校有生态委员会吗？如果有，那就加入吧。如果没有，为什么不建立一个呢？生态委员会可以在很多方面改善学校的管理方式。你可以：

- 确保每个教室都有回收箱，而且有地方存放纸张和卡片。这些纸张和卡片可以被回收并用于制作工艺品。
- 提醒每个人离开房间时关闭电灯和电子设备。
- 召开一场以森林砍伐为主题的会议，讨论我们可以做些什么来避免森林被砍伐。
- 在学校操场上种树。
- 为保护热带雨林的组织举办校园筹款活动。
- 发起让你的学校停止使用棕榈油的活动。

说！

## 写信给政治家

如果你很重视某个问题，可以写信给负责相关工作的政治家。你也可以写信给遥远国家的领导人，如果那里的毁林问题非常严重。为森林发声的人越多，政治家就越有可能关注这个问题。

## 把它写在纸上

写信是传达你的信息并让你的声音被听到的有力方式。以下是一些提示：

- 让你的信更有个性：说明直接影响你的问题，以及解决这些问题的重要性。
- 要有礼貌：如果你表现出尊重的态度，你的信息会用更有力的方式传达出去。
- 摆事实：如果你用事实来支持你的论点，你的信会得到更认真的对待。
- 有帮助的建议：指出你认为需要改变的地方，以及这些改变会如何产生积极的影响。
- 不要放弃：如果对方没有回复，或者什么都没有改变，那就继续写信吧！

# 便于护林的职业

对那些想要帮助森林的人来说，有很多职业可以选择。从科技行业、慈善事业到艺术工作，我们可以用不同的方式带来改变。未来你可能会选择哪种工作？

**律师**

通过研究法律和了解法规，律师可以帮助那些想要保护森林的土著和其他当地人。他们可能会在办公室里或者站在法庭上工作。

**发明家**

聪明的发明家能想出保护森林的绝妙新点子。他们善于为解决老问题找到新办法。

**老师**

老师可以在学校向孩子们解释树木和森林的重要性，培养他们保护树木的意识。总有一天，这些孩子会成为主宰世界的大人物！

**农民**

我们永远需要食物！农民可以在自己的土地上植树，同时避免砍伐森林，这样他们的作物和饲养的动物就不会对森林造成伤害。

**艺术家**

通过创作街头艺术、绘画和艺术装置，艺术家可以让人们关注森林面临的问题，并鼓舞我们为保护它们采取行动。

**建筑师**

“亲树派”建筑师可以设计包含大量树木和其他植物的房屋和空间，帮助我们的城市实现绿化。

## 新闻记者

当森林遭到破坏时，记者们通过寻找证据和报道发生的事件来确保每个人都知道事实。

## 慈善工作者

数百个慈善机构都反对毁林行为。这些慈善机构里有很多不同的工作，包括筹款和沟通。

## 实地研究员

实地研究人员通过探访森林，了解更多森林中令人惊叹的动植物，让它们得到保护。

## 科学家

科学家们研究了为什么毁林行为和气候变化给世界带来了问题，还想出了解决方案，比如使用可再生能源。

## 作家

就像老师们一样，书籍可以帮助人们认识到树木和森林的重要性。它们还可以告诉我们如何以对地球友善的方式生活。

## 回收人员

确保所有的垃圾被正确处理是一件很重要的事，因为很多垃圾都可以被再次利用并制成新的东西。

## 护林员

护林员可以在最容易受到威胁的森林中巡逻，保护其中的动植物免受伤害。

## 政治家

在政府工作的人员可以帮助制定保护树木和森林地区的法规。

## 自然资源环保主义者

环保主义者是帮助保护自然环境的人。有时他们会与政府合作，帮助政府做出对环境友善的决策。

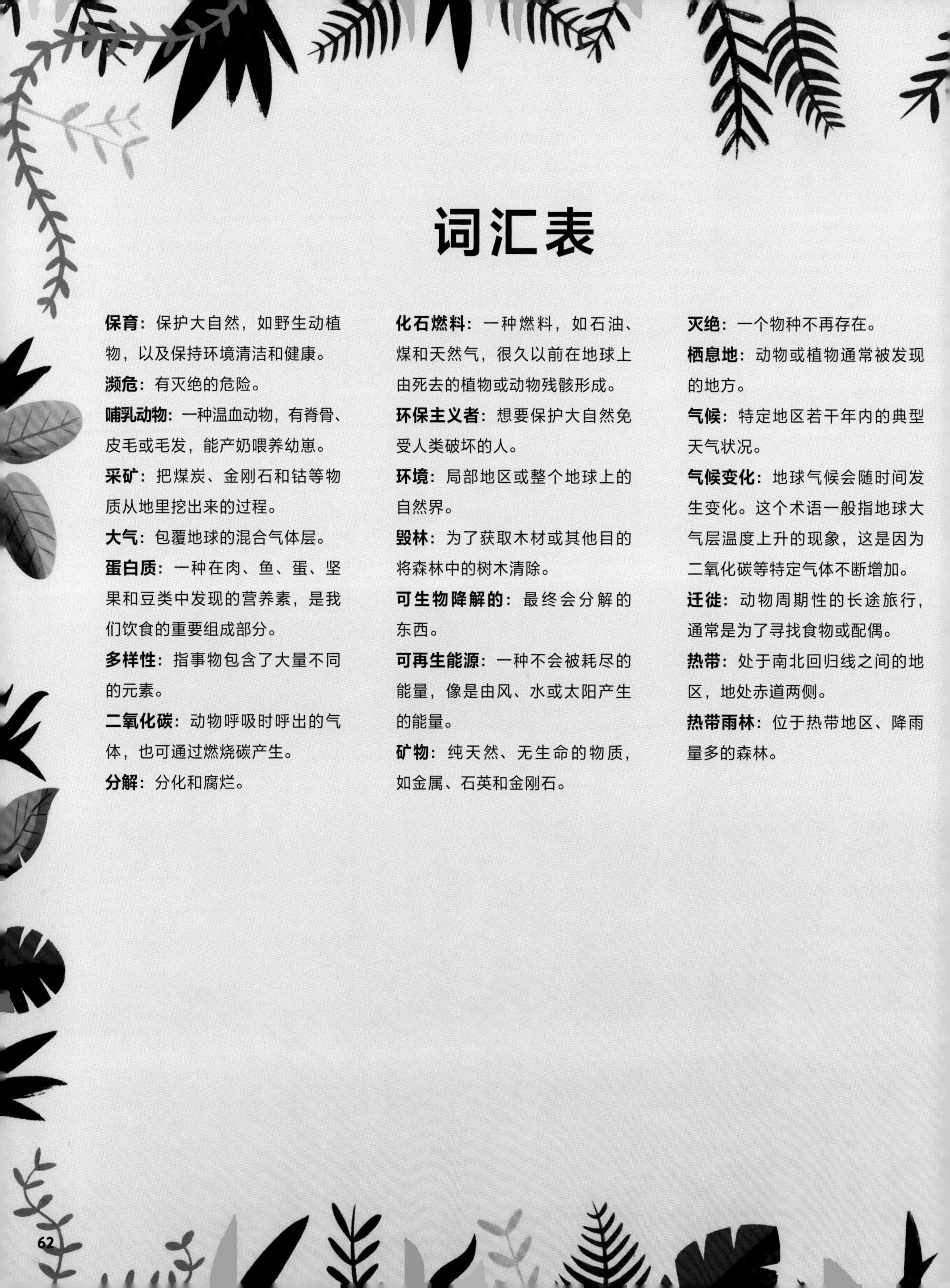

# 词汇表

**保育**：保护大自然，如野生动植物，以及保持环境清洁和健康。

**濒危**：有灭绝的危险。

**哺乳动物**：一种温血动物，有脊骨、皮毛或毛发，能产奶喂养幼崽。

**采矿**：把煤炭、金刚石和钴等物质从地里挖出来的过程。

**大气**：包覆地球的混合气体层。

**蛋白质**：一种在肉、鱼、蛋、坚果和豆类中发现的营养素，是我们饮食的重要组成部分。

**多样性**：指事物包含了大量不同的元素。

**二氧化碳**：动物呼吸时呼出的气体，也可通过燃烧碳产生。

**分解**：分化和腐烂。

**化石燃料**：一种燃料，如石油、煤和天然气，很久以前在地球上由死去的植物或动物残骸形成。

**环保主义者**：想要保护大自然免受人类破坏的人。

**环境**：局部地区或整个地球上的自然界。

**毁林**：为了获取木材或其他目的将森林中的树木清除。

**可生物降解的**：最终会分解的东西。

**可再生能源**：一种不会被耗尽的能量，像是由风、水或太阳产生的能量。

**矿物**：纯天然、无生命的物质，如金属、石英和金刚石。

**灭绝**：一个物种不再存在。

**栖息地**：动物或植物通常被发现的地方。

**气候**：特定地区若干年内的典型天气状况。

**气候变化**：地球气候会随时间发生变化。这个术语一般指地球大气层温度上升的现象，这是因为二氧化碳等特定气体不断增加。

**迁徙**：动物周期性的长途旅行，通常是为了寻找食物或配偶。

**热带**：处于南北回归线之间的地区，地处赤道两侧。

**热带雨林**：位于热带地区、降雨量多的森林。

**生态旅游**：对环境影响小，可在自然区域欣赏植物和野生动物且尊重当地人的旅行方式。

**生态系统**：一定空间中的生物群落与其环境组成的系统。

**授粉**：在花朵中传递花粉，使有花植物能够产生种子。

**偷猎者**：非法猎杀或诱捕野生动物的人。

**土著**：第一批居住在某个地方的人，而不是后来迁至此处的人。

**伪装**：动物通过模拟周围环境来帮助自己隐藏。

**温带**：温度非常温和（从不太热或太冷）的地区。温带森林生长在热带地区往北或往南的区域。

**温带落叶林**：由落叶树组成的温带森林，树木在秋天会落叶。

**温室气体**：地球大气层中可帮助地球保温的气体。二氧化碳是温室气体之一。

**污染**：向土地、空气或水中添加不干净或有害的物质。

**无人机**：由地面人员远程控制的飞行机器人。

**物种**：一群相似并能交配繁殖的生物群体。

**氧气**：空气中的一种气体，动物用于呼吸，植物可以产生氧气。

**沼泽**：一种被树木覆盖的湿地。

**针叶林**：位于世界北部寒冷地区的森林，主要由常青树种组成。

**蒸发**：从液体变成气体，比如水变成水蒸气。

**中世纪**：公元 500 年到 1500 年之间的一段时期。

图书在版编目（CIP）数据

森林 : 保护 6 万种树木的家 / ( 英 ) 杰丝 · 弗伦奇著 ; ( 英 ) 亚历山大 · 莫斯托夫绘 ; 张率译 . -- 北京 : 中信出版社 , 2024.2

书名原文: Let's Save Our Planet: Forests

ISBN 978-7-5217-6046-0

Ⅰ. ①森… Ⅱ. ①杰… ②亚… ③张… Ⅲ. ①森林保护—儿童读物 Ⅳ. ①S76-49

中国国家版本馆CIP数据核字（2023）第194775号



森林：保护 6 万种树木的家

著　　者：[ 英 ] 杰丝 · 弗伦奇
绘　　者：[ 英 ] 亚历山大 · 莫斯托夫
译　　者：张率
出版发行：中信出版集团股份有限公司
（北京市朝阳区东三环北路 27 号嘉铭中心　邮编　100020）
承 印 者：北京启航东方印刷有限公司

开　　本：787mm × 1092mm　1/8　　印　　张：9　　字　　数：144 千字
版　　次：2024 年 2 月第 1 版　　印　　次：2024 年 2 月第 1 次印刷
京权图字：01-2023-4845　　审 图 号：GS 京（2023）2119 号（书中插图系原文插图）
书　　号：ISBN 978-7-5217-6046-0
定　　价：72.00 元



出　　品　中信儿童书店
图书策划　红披风
策划编辑　刘杨
责任编辑　刘杨
营销编辑　高铭霞　周惟
装帧设计　哈_哈

出版发行　中信出版集团股份有限公司
服务热线：400-600-8099　　网上订购：zxcbs.tmall.com
官方微博：weibo.com/citicpub　　官方微信：中信出版集团
官方网站：http://www.press.citic